MathStart®
洛克数学启蒙❶

怪兽音乐椅

[美]斯图尔特·J. 墨菲 文　　[美]斯科特·纳什 图　　易若是 译

海峡出版发行集团 | 福建少年儿童出版社
THE STRAITS PUBLISHING & DISTRIBUTING GROUP | FUJIAN CHILDREN'S PUBLISHING HOUSE

减法

献给充满欢笑和爱的罗伯特·墨菲一家——鲍勃和安，
李一安，梅莉萨和斯科特，以及布赖恩。

——斯图尔特·J.墨菲

献给凯尔和莎伦，爱你们。

——斯科特·纳什

MONSTER MUSICAL CHAIRS

Text Copyright © 2000 by Stuart J. Murphy

Illustration Copyright © 2000 by Scott Nash

Published by arrangement with HarperCollins Children's Books, a division of HarperCollins Publishers through Bardon-Chinese Media Agency

Simplified Chinese translation copyright © 2023 by Look Book (Beijing) Cultural Development Co., Ltd.

ALL RIGHTS RESERVED

著作权合同登记号：图字 13-2023-038号

图书在版编目（CIP）数据

洛克数学启蒙.1.怪兽音乐椅 / (美) 斯图尔特·
J.墨菲文 (美) 斯科特·纳什图；易若是译. -- 福州：
福建少年儿童出版社, 2023.9
　ISBN 978-7-5395-8093-7

　Ⅰ.①洛… Ⅱ.①斯… ②斯… ③易… Ⅲ.①数学 -
儿童读物 Ⅳ.①O1-49

中国国家版本馆CIP数据核字(2023)第005829号

LUOKE SHUXUE QIMENG 1 · GUAISHOU YINYUE YI
洛克数学启蒙 1·怪兽音乐椅

著　　者：[美]斯图尔特·J.墨菲 文　[美]斯科特·纳什 图　易若是 译
出 版 人：陈远　出版发行：福建少年儿童出版社　http://www.fjcp.com　e-mail:fcph@fjcp.com　社址：福州市东水路 76 号 17 层（邮编：350001）
选题策划：洛克博克　责任编辑：邓涛　助理编辑：陈若芸　特约编辑：刘丹亭　美术设计：翠翠　电话：010-53606116（发行部）　印刷：北京利丰雅高长城印刷有限公司
开　　本：889 毫米 ×1092 毫米　1/16　印张：2.5　版次：2023 年 9 月第 1 版　印次：2023 年 9 月第 1 次印刷　ISBN 978-7-5395-8093-7　定价：24.80 元

怪兽音乐椅

咚咚咚，砰！
叮叮叮，当！
鼓儿敲呀乐声响，
好玩的游戏马上开场！

全体成员请注意避让，
5 把椅子在空中飘荡，
摇摇晃晃将落到地上。

噢！噢！怪兽音乐椅游戏——

预备——开始！

6 只毛茸茸的怪兽都想要椅子，
伴着节拍迈着傻傻的步子。

5 把怪兽椅巳排放整齐，
抢到 1 把就能成功晋级！

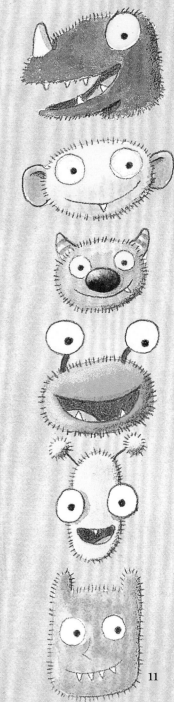

11

放慢脚步，屏住呼吸。
加速摇摆，现在出击！

音乐声一停，
1 只怪兽被淘汰！

拜拜啦，小怪兽！

13

5 只可怕的怪兽继续游戏，
有 1 把椅子已被丢弃。

4 把怪兽椅摆成一排，
速度不快就会输掉比赛。

15

放慢脚步，屏住呼吸。
加速摇摆，现在出击！

音乐声一停，
1只怪兽被淘汰！

到此为止吧，小怪兽！

4 只毛乎乎的怪兽咧嘴怪叫，
音乐声还没响起就手舞足蹈。

3 把怪兽椅排成一排，
音乐开始，谁也不想慢人一拍。

19

放慢脚步，屏住呼吸。
加速摇摆，现在出击！

音乐声一停，
1只怪兽被淘汰！

下次再会啦，小怪兽！

21

3 只长满毛的怪兽还在比赛，
谁能留下，谁将被淘汰？

2 把怪兽椅放在中间，
要是现在出局，

那可真是遗憾。

23

放慢脚步，屏住呼吸。
加速摇摆，现在出击！
音乐声一停，
1 只怪兽被淘汰！

再见啦，小怪兽！

终于只剩下 2 只怪兽和 1 把椅子，

冠军只有 1 个，
谁能夺得先机?

27

放慢脚步，屏住呼吸。
加速摇摆，飞快转圈！
当音乐戛然而止……

1 只怪兽登上冠军位置！

输了这一次，没什么关系，
改天再玩，你们还有机会获得胜利！

写给家长和孩子

　　《怪兽音乐椅》所涉及的数学概念是将一个特定的数字减去 1。理解从一组物体中拿走 1 个后还剩下多少个物体，是学习减法概念的第一步。

　　对于《怪兽音乐椅》所呈现的数学概念，如果你们想从中获得更多乐趣，有以下几条建议：

　　1. 通读故事之后，和孩子一起回顾画面，让孩子根据画面复述故事。

　　2. 在阅读过程中向孩子提问，如："还剩下几只小怪兽？""还剩下几把椅子？""为什么小怪兽的数量比椅子多？"

　　3. 找来 10 个纽扣之类的小物品，让孩子从 10 个当中拿走 1 个，然后再从剩下的 9 个当中拿走 1 个，以此类推。每次拿过之后都让孩子数一数剩下多少个。结束一轮游戏后，重新把这些纽扣摆在一起，让孩子一次拿走 2 个，重复上面的游戏。

　　4. 给孩子准备 15 粒小零食，如葡萄干。让孩子一次吃 1 粒，每次吃完后，数一数还剩下多少粒。不断重复这一过程，直到零食被吃光。

　　5. 让孩子数一数从一个房间到另一个房间要走多少步（确保地上没有障碍物），然后让他一边沿着原路返回，一边倒着数数。他是否能在数到 0 之前就回到原来的房间？让孩子思考，为什么倒着数数就像在做减 1 的运算。

如果你想将本书中的数学概念扩展到孩子的日常生活中，可以参考以下这些游戏活动：

1. 减法桌游：这个游戏需要两名玩家。找 10 张卡片，依次写上 1 到 10，然后打乱卡片的顺序，把数字面朝下放好。第一位玩家翻开 1 张卡片，如果上面的数字是 10，他就可以保留这张卡片并且再翻 1 张；如果不是，这张卡片就要被插回卡片中的任意位置，接着轮到第二位玩家来翻卡片。一旦有玩家找到了卡片 10，就可以依次继续寻找 9、8、7······当卡片 1 被找到时，游戏结束。手上卡片数量多的玩家获胜。

2. 购物游戏：在结账之前，先数一数购物车中商品的数量。让孩子一边把商品放上收银台，一边说出购物车里剩下的商品数量。

3. 厨房游戏：吃完晚饭后，让孩子数一数餐桌上的餐具数量。让孩子一边收拾餐桌，一边说说桌子上还剩下几件餐具。

1

《虫虫大游行》	比较
《超人麦迪》	比较轻重
《一双袜子》	配对
《马戏团里的形状》	认识形状
《虫虫爱跳舞》	方位
《宇宙无敌舰长》	立体图形
《手套不见了》	奇数和偶数
《跳跃的蜥蜴》	按群计数
《车上的动物们》	加法
《怪兽音乐椅》	减法

2

《小小消防员》	分类
《1、2、3，茄子》	数字排序
《酷炫100天》	认识1~100
《嘀嘀，小汽车来了》	认识规律
《最棒的假期》	收集数据
《时间到了》	认识时间
《大了还是小了》	数字比较
《会数数的奥马利》	计数
《全部加一倍》	倍数
《狂欢购物节》	巧算加法

3

《人人都有蓝莓派》	加法进位
《鲨鱼游泳训练营》	两位数减法
《跳跳猴的游行》	按群计数
《袋鼠专属任务》	乘法算式
《给我分一半》	认识对半平分
《开心嘉年华》	除法
《地球日，万岁》	位值
《起床出发了》	认识时间线
《打喷嚏的马》	预测
《谁猜得对》	估算

4

《我的比较好》	面积
《小胡椒大事记》	认识日历
《柠檬汁特卖》	条形统计图
《圣代冰激凌》	排列组合
《波莉的笔友》	公制单位
《自行车环行赛》	周长
《也许是开心果》	概率
《比零还少》	负数
《灰熊日报》	百分比
《比赛时间到》	时间

洛克数学启蒙
练习册

洛克博克童书 策划　易若是 编写　懂懂鸭 绘

✎ 比一比，把每组中最大的图形圈出来。

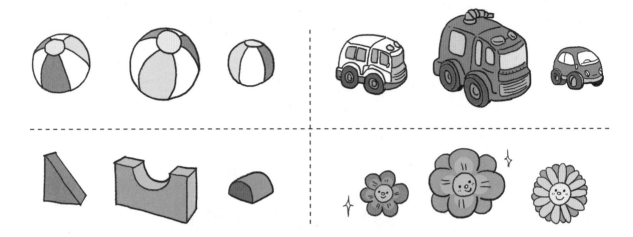

✎ 比一比，把每组中最长的图形圈出来。

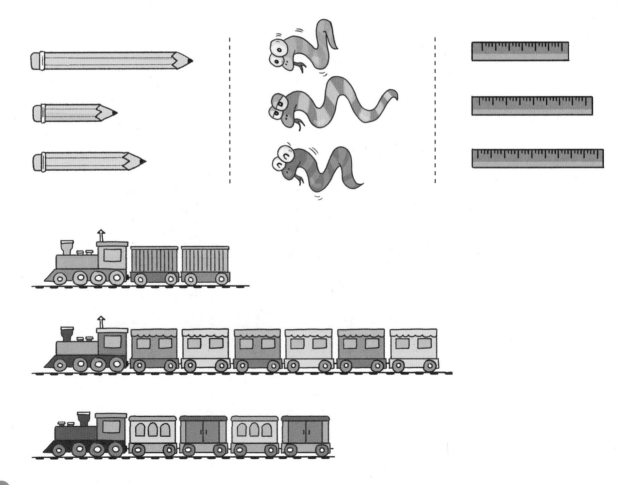

✏️ 小蜜蜂要排队去采蜜，请按照从小到大的顺序用数字1~3给它们排队。

✏️ 尾巴越长的小老鼠可以吃到越大的饼干，请将每只小老鼠和它的饼干连起来。

 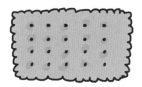

✏️ 请观察以下三组跷跷板，在每组更重的小动物旁边的○中画"√"。

✏️ 下图中每块积木大小、重量相同。请比一比，圈出每组中更重的积木。

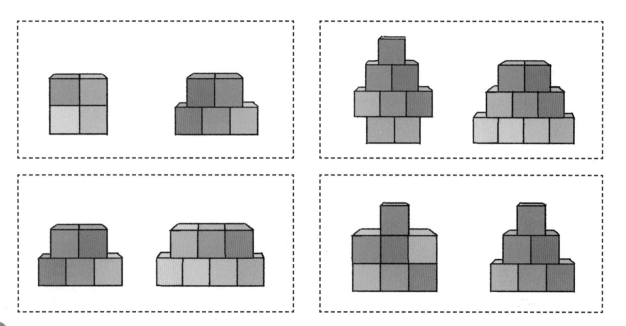

✏️ 洗澡时间到，北北要带一些能在水中浮起来的玩具去浴缸中玩耍。请你把它们都圈出来。

✏ 找一找，哪些鞋子能配成一双，请把对应的鞋子连起来。

✏ 小动物的帽子和围巾都是配套的。请观察每只小动物的帽子，帮它们找到花纹相同的围巾。

下面大的图案都缺失了一部分，请找出缺失并与之匹配的图案，
并把它们连起来。

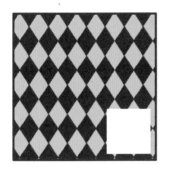  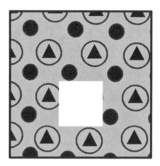

 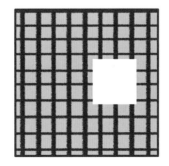 

小松鼠们用吸管积木拼成了各种图形。请根据它们的描述，把每只小松鼠与相应的图形连起来。

✏️ 请沿着虚线画一画，画完后在图形下方写出你画的是什么图形。

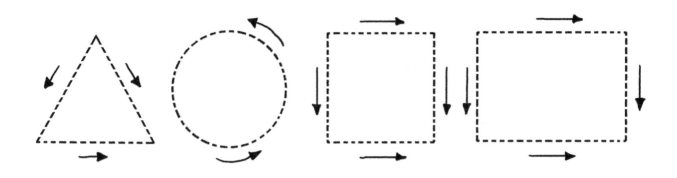

✏️ 请按照以下提示，给小鱼涂色。请把圆形涂成蓝色，把三角形涂成绿色，把正方形涂成黄色，把长方形涂成紫色。

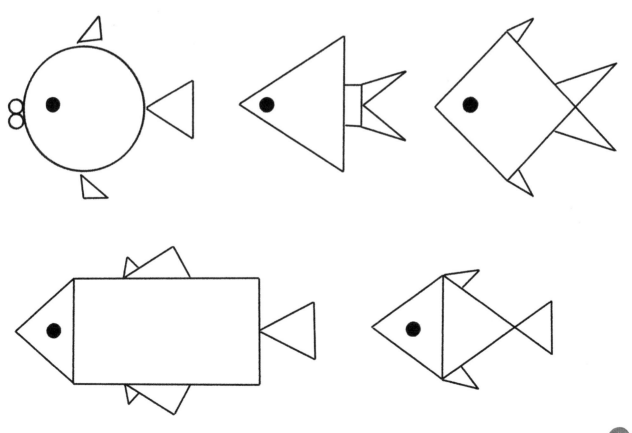

✎ 请把蝴蝶左边的花朵涂上粉色，把蝴蝶右边的花朵涂上紫色。

✎ 小蚂蚁在忙着搬家，把每组中排在最前面的蚂蚁圈出来。

✏ 下面这些手套的手背上都有漂亮的小花，只有一只手套和别的不一样，请你把它圈出来，并说一说为什么不一样。

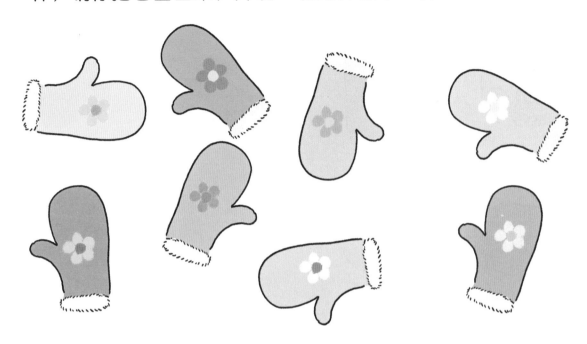

✏ 请你数一数，小熊前面有几只小动物。有多少只小动物，就在方框里画几个"○"。

✏️ 下面的物品分别对应哪种立体图形？请连一连。

✏️ 下面哪组图形中有两个正方体？请把它圈出来。

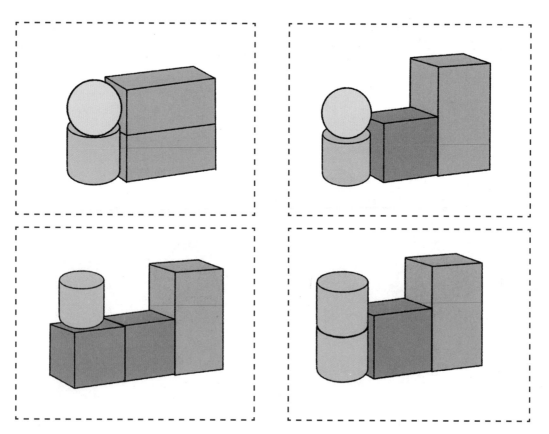

左图中的积木城堡是由右图中的积木拼搭而成的。请找出与积木城堡相对应的积木块，把它们连起来。

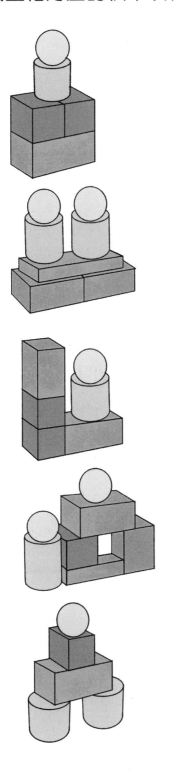

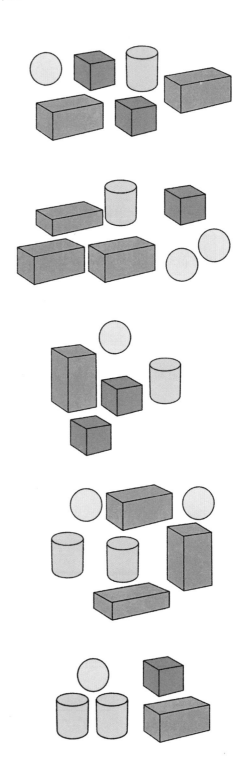

✏️ 数一数每种物品的数量，在总数是奇数的物品旁边的〇中画"√"。

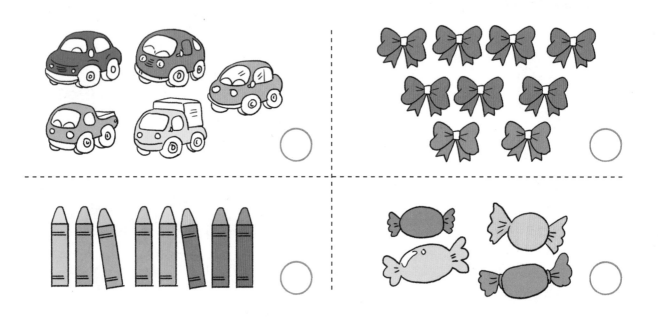

✏️ 请先将每组中左右两边积木的数量写下来，然后想一想，这组积木的总数是奇数还是偶数。请在总数是偶数的积木旁的〇中画"√"。

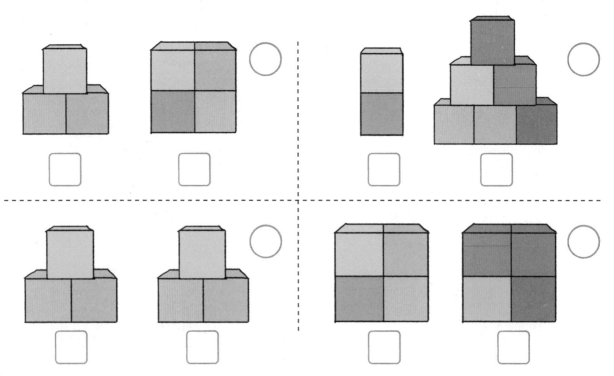

春天，花园里满是五颜六色的花朵、五彩斑斓的蝴蝶和忙忙碌碌的蜜蜂。请先找到这些事物，数一数它们的数量，然后给总数是偶数的事物旁边的〇涂上红色。

花朵 〇　　　蝴蝶 〇　　　蜜蜂 〇

✎ 每个盒子中有10支彩笔，请10支10支地数，把彩笔的总数写下来。

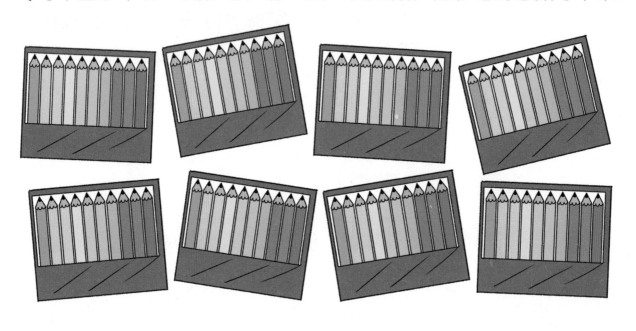

☐ 支

✎ 每只靴子上有5颗星星，请5颗5颗地数，把星星的总数写下来。

☐ 颗

骆驼群已经在沙漠中行走10天了，它们遇到了一个数字迷宫，只有每一步踏上的数字比前一步所踏的数字大5，才能穿过数字迷宫，到达绿洲。请你帮它们标注一下路线吧！

5	10	20	30	60	55	85
25	15	20	25	45	85	90
5	20	35	30	75	90	95
25	35	40	60	70	75	100
30	45	45	35	65	80	95
45	55	50	55	60	85	90

✎ 有下列六组数字，请比一比，圈出每组中最大的数字。

4 2　　　3 5　　　6 8

7 5 6　　　8 7 9　　　5 3 4

✎ 有以下三组图片，请将每组中较多的物品数量写在第一个□中，再将较少的物品一个一个放入较多的物品中。请依次将累加后的数字填在右侧的□中。

鸭子和鹅在一起玩耍，请按要求数一数每种动物的数量，并完成下面的问题。

① 这里一共有几只🦆？

池塘里有＿＿只🦆，岸上有＿＿只🦆。

＿＿+＿＿=＿＿（只）

② 这里一共有几只🦢？

池塘里有＿＿只🦢，岸上有＿＿只🦢。

＿＿+＿＿=＿＿（只）

③ 池塘里有几只小动物？

池塘里有＿＿只🦆，＿＿只🦢。

＿＿+＿＿=＿＿（只）

④ 岸上有几只小动物？

岸上有＿＿只🦆，＿＿只🦢。

＿＿+＿＿=＿＿（只）

✎ 每只小熊手上都有气球，请你看一看、数一数，然后完成下面的
表格。

	它一共有几个气球？	红色气球有几个？	黄色气球有几个？
	6	1	5

✏️ 观察毛毛虫身上的数字，按规律把空白处的数字补上。

✏️ 每组中的蔬菜被小动物吃了一部分后，各剩下多少？请把剩下的蔬菜数量写下来。

7-3= ☐

5-2= ☐

5-3= ☐

✎ 颜色相同的牙刷和杯子是一套的，请你先连一连，给它们配套，再回答问题。

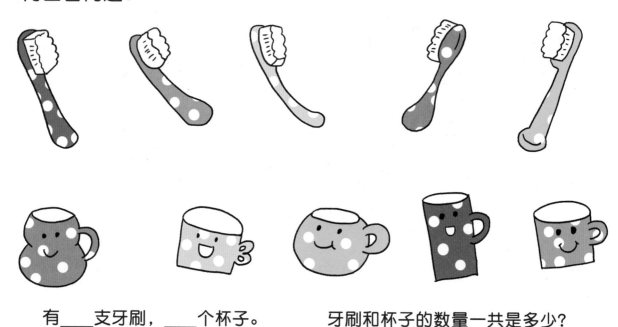

有___支牙刷，___个杯子。

牙刷和杯子的数量一共是多少？

___ + ___ = ___

✎ 把下面的图形分成两组，可以怎么分？请把每组图形的数量写下来。

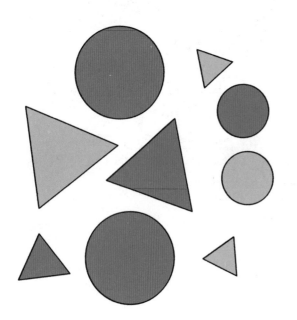

① 按大小分，
　较大的图形有___个，
　较小的图形有___个。

② 按颜色分，
　红色图形有___个，
　绿色图形有___个。

③ 按形状分，
　圆形有___个，
　三角形有___个。

✏️ 池塘舞会即将开始，小动物们还在进行最后的准备工作！请你来帮帮它们吧！

① 红鲤鱼游泳队需要按照从小到大的顺序排队出场，请用数字1~3标注它们的出场顺序。

② 演出节目有变，灰泥鳅舞蹈队只需要身形最长的队员和身形最短的队员登台，请把它们圈出来。

③ 青蛙合唱团需要选出一名体形最大的来当领唱，请把它圈出来。

④ 池塘里有____只青蛙，有____条鲤鱼，有____条泥鳅。请问池塘里小动物的数量一共是多少？

____+____+____=____

✏️ 小朋友们在幼儿园里玩得真欢乐。一起来看看教室里有什么，然后回答下面的问题吧！

① 地板上有＿＿个球体、＿＿个正方体、＿＿个圆柱体。

② 哪张桌子上的书本数量是偶数？请把它圈出来。

③ 皮皮正坐在地板上听老师讲故事，她穿着一身绿色的衣服。她的左边有＿＿个小朋友，右边有＿＿个小朋友。

④ 笑笑正和小朋友们一起排队接水，她穿着粉色的上衣，手里拿着一个粉色的杯子。从前往后数，她站在队伍的第＿＿位。

✎ 请观察跷跷板，把每组中较重的动物圈出来。

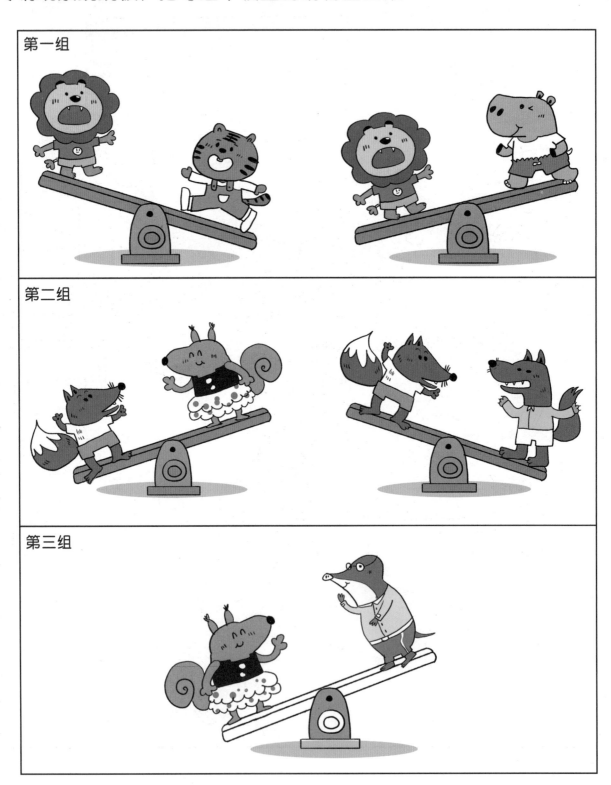

第一组

第二组

第三组

下面每个天平两边放的是同一种积木。每个天平的右边需要再放几块积木，才能使天平保持平衡？请在□里写出正确的数量吧！

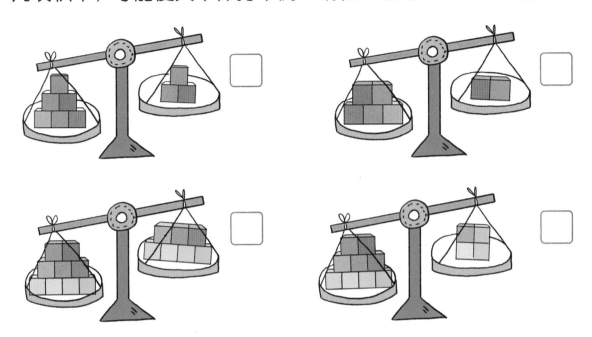

下面每个天平两边放的是同一种积木。每个天平的右边需要拿走几块积木，才能使天平保持平衡？请在□里写出正确的数量吧！

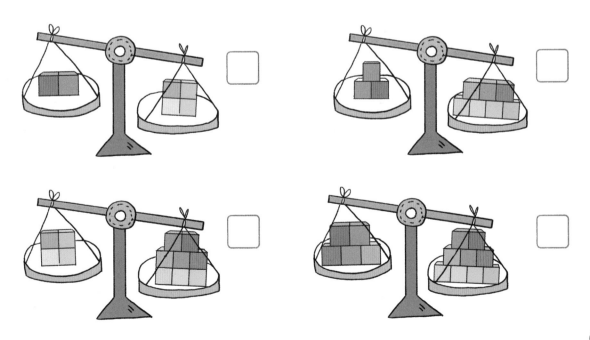

海洋馆里，可爱的动物们准备了各种好玩的节目。
按要求完成右边的问题吧！

① 冰面上站着____只企鹅，水里有____只企鹅。这里一共有几只企鹅？

____+____=____（只）

② 海豚需要按照编号从大到小的顺序排队表演，哪两只海豚的位置颠倒了？请把它们圈出来。

③ 有两只海豚身上的标号是奇数，把这两个数字从大到小写下来。

____、____

④ 海狮必须按照从左到右、由矮到高的顺序排队，哪两只海狮的位置错了？请把它们圈出来。

⑤ 这里哪种动物的数量最多？请在它下面的□里画"√"。

□   □   □

⑥ 这里一共有____只海豚，____只海狮。海狮比海豚多几只？

____-____=____（只）

洛克数学启蒙练习册1-A答案

P2

P3

P4

P5

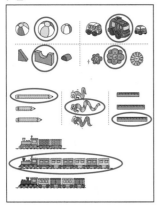

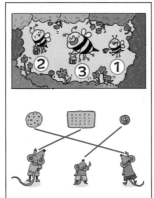

P6

P7

P8

P9

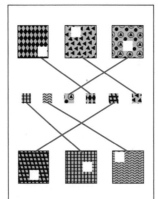

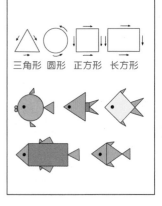

P10

P11

P12

P13

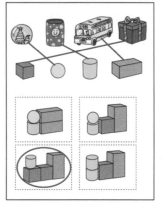

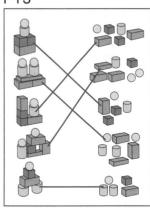

P14

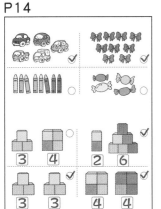

P15

花朵 ● 蝴蝶 ○ 蜜蜂 ●

P16

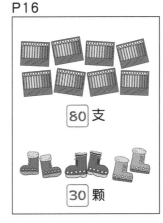

80 支

30 颗

P17

P18

P19

① 池塘里有 2 只鸭。
岸上有 3 只鸡。
2 . 3 . 5 (只)

② 池塘里有 4 只鸭。
岸上有 6 只鸡。
4 . 6 . 10 (只)

③ 池塘里有 2 只鸭。
4 只鸡。
2 . 4 . 6 (只)

④ 岸上有 3 只鸡。
6 只鸭。
3 . 6 . 9 (只)

P20

它一共有几个气球?	红色气球有几个?	黄色气球有几个?
6	1	5
6	2	4
6	3	3
6	4	2
6	5	1

P21

7-3 = 4

5-3 = 2

5-2 = 3

P22

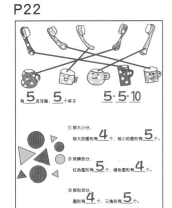

有 5 支牙刷, 5 个杯子 5 . 5 . 10

① 按大小分.
较大的图形有 4 个, 较小的图形有 5 个.

② 按颜色分.
红色图形有 5 个, 绿色图形有 4 个.

③ 按形状分.
圆形有 4 个, 三角形有 5 个.

P23

① 见图示.
② 见图示.
③ 见图示.
④ 池塘里有 3 只青蛙, 有 3 条鲤鱼, 有 3 条泥鳅, 请问池塘里小动物的数量一共是多少?
3 . 3 . 3 . 9

P24~25

① 地板上有 4 个球体, 5 个正方体, 2 个圆柱体.
② 见图示.
③ 皮皮正坐在地板上听老师讲故事, 她穿着一身绿色的衣服. 她的左边有 1 个小朋友, 右边有 3 个小朋友.
④ 笑笑正和小朋友们一起排队接水, 她穿着粉色的上衣, 手里拿着一个粉色的杯子. 从前往后数, 她站在队伍的第 3 位.

P26

第一组
第二组
第三组

P27

3	3
2	5
2	4
4	4

P28~29

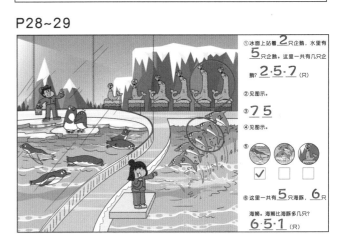

① 冰面上站着 2 只企鹅, 水里有 5 只企鹅. 这里一共有几只企鹅? 2 . 5 . 7 (只)

② 见图示.

③ 7 5

④ 见图示.

⑤ ✓ ☐ ☐

⑥ 这里一共有 5 只海豚, 6 只海狮. 海狮比海豚多几只? 6 . 5 . 1 (只)

洛克数学启蒙
练习册

洛克博克童书　策划　　易若是　编写　　懂懂鸭　绘

✏️ 小蚯蚓在散步。请按照从短到长的顺序，用数字1~4给它们排队。

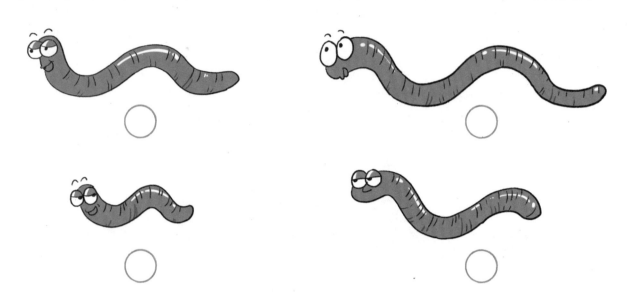

✏️ 下雪了，熊猫一家在雪地上留下了一串串脚印。请把每只熊猫与它的脚印连起来。

恐龙王国一年一度的争霸大赛开始了，恐龙们都在大显身手呢！请你来当评委，评出每项比赛的冠军吧！

① 腕龙是植食性恐龙，脖子最长的才能吃到最新鲜的树叶。谁是腕龙界的美食家？请在它身上画个"√"。

② 甲龙尾巴上的"棒槌"是它们最强大的武器。谁的"棒槌"最大？请在它身上画个"○"。

③ 这样的争霸大赛怎么能少了霸王龙？体形越大的霸王龙威力越大，请按照威力值从小到大的顺序，用数字1~4把它们标注出来。

✏️ 1只鸭子和2只鸟一样重。请观察跷跷板，在□中写下正确的数字。

✏️ 要把上下两排积木分别放到天平两边，使天平保持平衡，应该怎么放？

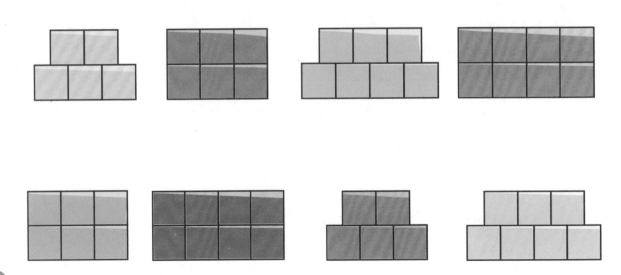

✎ 请观察跷跷板，将①、②两组中最重的动物圈出来。

✎ 下面4个大小相同的球，谁最轻，谁最重？请按照从重到轻的顺序，用数字1~4给它们排队。

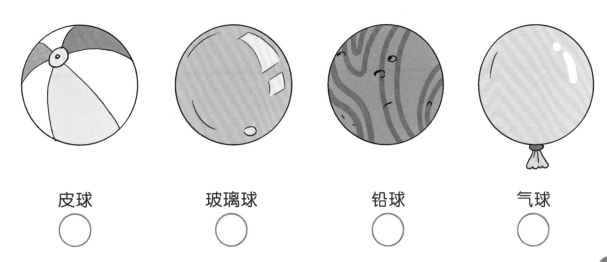

皮球 ○　　玻璃球 ○　　铅球 ○　　气球 ○

🖊 杯盖上的花纹与杯子上的花纹是配套的。请连一连，给每个杯子找到杯盖。

🖊 根据整理箱上的图案，连一连，把物品分类放进相应的整理箱里。

小朋友们要排成两队去户外活动。请将有相同特征的小朋友分成一组。

①第一种分法：

②第二种分法：

✎ 请观察下图，哪个图形是独一无二的？请把它圈出来。

✎ 请在下图中的各个图形内分别画一条线，使它们各自变成两个相同的图形。

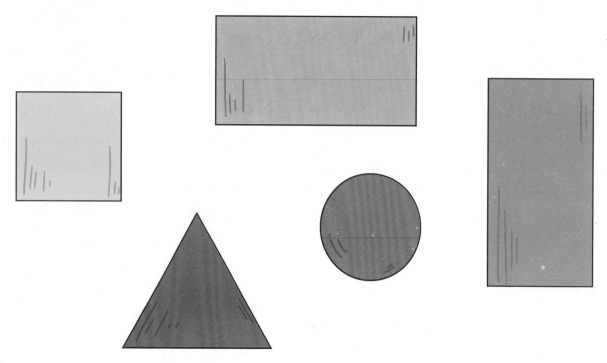

请沿着 ■ ▲ ● 的路线，帮助蜗牛走出迷宫，吃到树叶。

✏️ 下面有多少只左手，多少只右手？请把数字写下来。

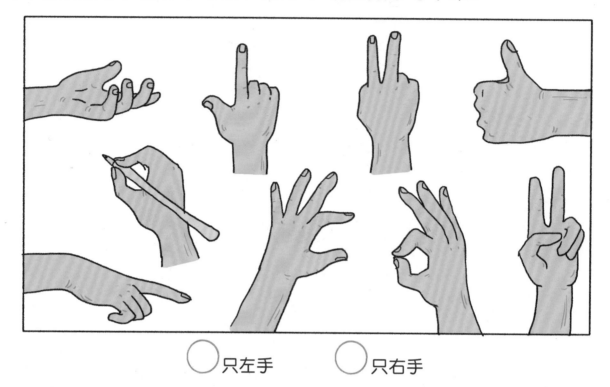

◯ 只左手　　　◯ 只右手

✏️ 小朋友们正在跳舞，他们的舞蹈动作是：左脚在前面，右脚在后面，双臂张开。只有一个小朋友跳对了，你能找到这个小朋友并在这个小朋友的头上画一个爱心吗？

看，小动物们准备出发了。它们从左边第一个格子出发，按照箭头指示的路线前进。请找到它们最终到达的位置，并在相应的格子里画"√"。

✎ 下面哪个积木中的正方体数量最多？请把它圈出来。

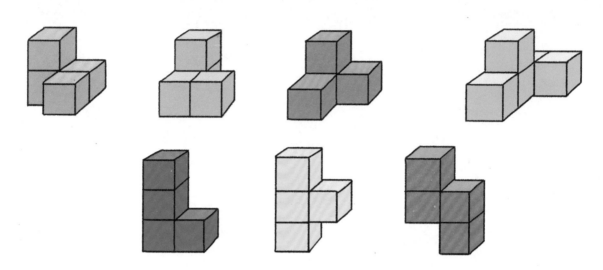

✎ 儿童节，每个小朋友都收到了一份礼物。请根据小朋友的描述，把他们与相应的礼盒连起来。

✏️ 每组积木中上面的造型是由下面的积木拼搭成的吗？如果是，请在它下面的○中画"√"；如果不是，请在它下面的○中画"×"。

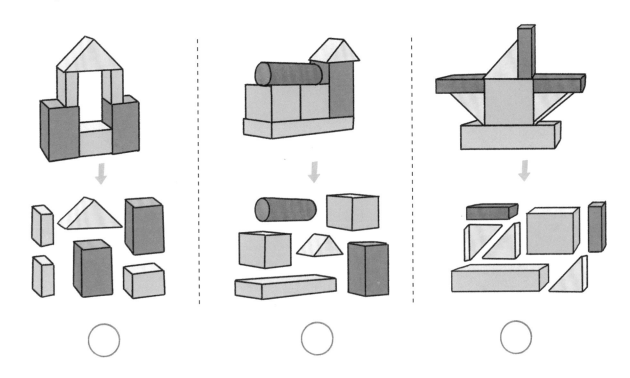

○　　　　　○　　　　　○

✏️ 请根据不同立体图形所对应的颜色，给下面的城堡涂色。

圆柱体：⚫

球体：⚫

长方体：⚫

正方体：⚫

三棱柱：⚫

✎ 数一数每棵树上的水果数量，在总数是偶数的树下○中画"√"。

✎ 请先将每组中左右两边的甜点数量写在□里，然后想一想，这组
甜点的总数是奇数还是偶数。请在总数是奇数的○中画"√"。

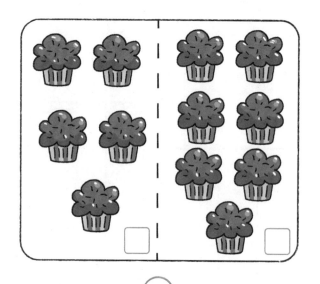

动物魔法王国的欢乐舞会开始了。飞鸟、走兽和海洋动物都派了魔法动物使者来参加。哪类动物的总数是奇数？请给它们旁边的小旗子涂色。

天空动物　　　　　陆地动物　　　　　海洋动物

🖊 每串香蕉的数量都是2根，请2根2根地数，把香蕉的总数写下来。

○

🖊 下面各组中，左右两边的花朵数量相同吗？请在数量相同的一组后面的○中画"√"。

○

○

○

✎ 天黑了，鸡宝宝要回笼子里睡觉了。每5只鸡宝宝共住一个笼子，一共需要多少个笼子？请5只5只地圈一圈，把所需笼子的数量写下来。

◯ 个

✎ 10杯水可以装满1壶，5壶水可以装满1桶。多少杯水可以装满1桶？

✏️ 先数一数每组左右两边物品的数量，然后把较大的那个数字写下来，
并开始往后点数，依次写下数字后，最后的数字就是物品的点数。

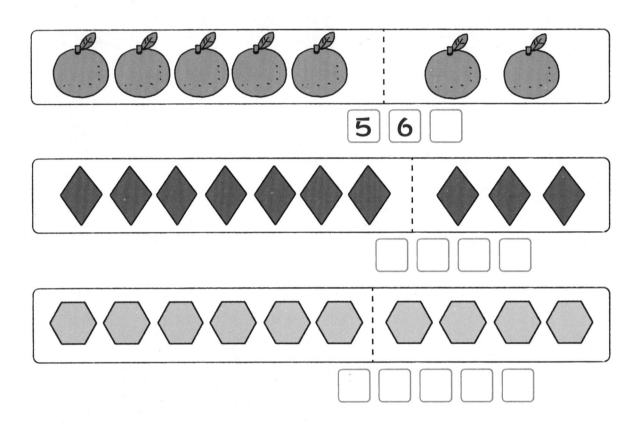

✏️ 观察下面的两幅图，按照左右两个鱼缸中金鱼的数量列出算式。

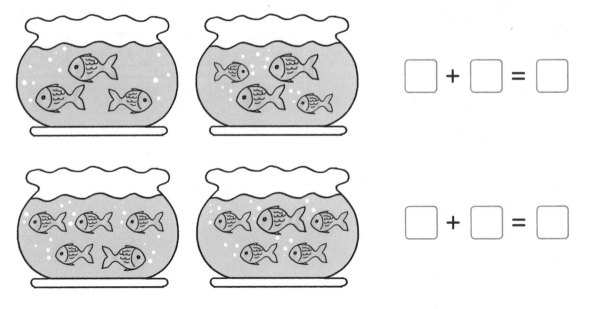

⬜ + ⬜ = ⬜

⬜ + ⬜ = ⬜

✎ 游乐园里真热闹。请按要求找一找、数一数，完成下面的问题。

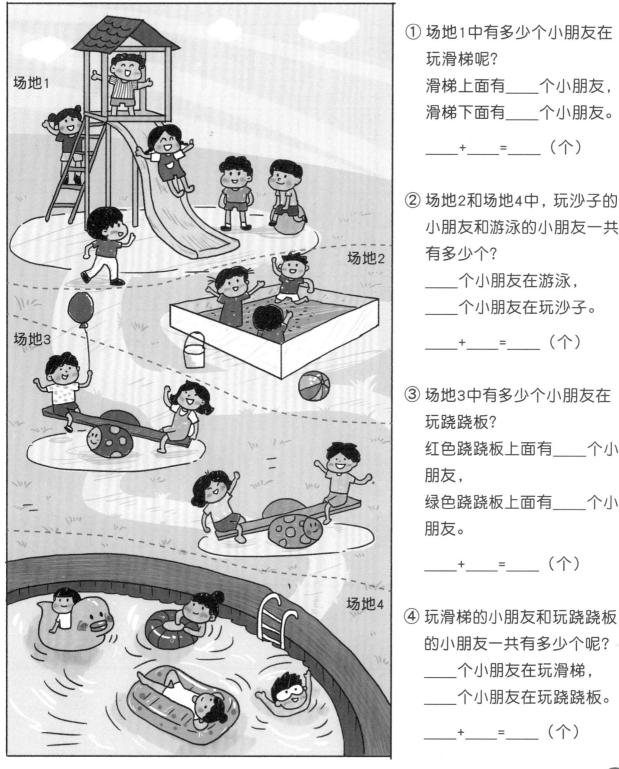

① 场地1中有多少个小朋友在玩滑梯呢？
滑梯上面有＿＿个小朋友，
滑梯下面有＿＿个小朋友。

＿＿＋＿＿＝＿＿（个）

② 场地2和场地4中，玩沙子的小朋友和游泳的小朋友一共有多少个？
＿＿个小朋友在游泳，
＿＿个小朋友在玩沙子。

＿＿＋＿＿＝＿＿（个）

③ 场地3中有多少个小朋友在玩跷跷板？
红色跷跷板上面有＿＿个小朋友，
绿色跷跷板上面有＿＿个小朋友。

＿＿＋＿＿＝＿＿（个）

④ 玩滑梯的小朋友和玩跷跷板的小朋友一共有多少个呢？
＿＿个小朋友在玩滑梯，
＿＿个小朋友在玩跷跷板。

＿＿＋＿＿＝＿＿（个）

✏️ 数一数每组有几个圆圈，每组中的物品的数量应该比圆圈的数量少1。请把多出来的物品用"×"划掉。

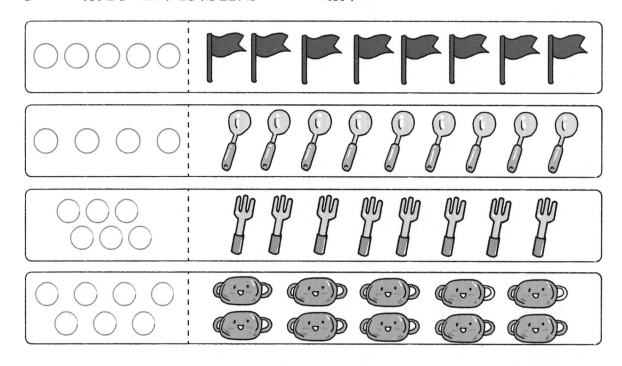

✏️ 数一数每种动物的数量，并将其与下面的一组数字对比。数字中哪一个恰好比动物的数量少1呢？请把它圈出来。

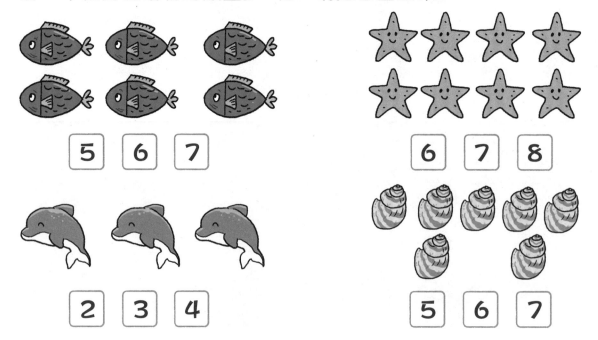

✎ 刺猬妈妈给每只刺猬宝宝都准备了7个果子。请根据每只刺猬宝宝说的话，想一想它们各自还剩下几个果子。

我吃了3个果子。

我吃了2个果子。

我吃了5个果子。

我吃了6个果子。

剩下 ☐ 个　　剩下 ☐ 个　　剩下 ☐ 个　　剩下 ☐ 个

✎ 工地上每组材料被卡车运走一部分后，各剩下多少？请观察以下三组图，写出算式。

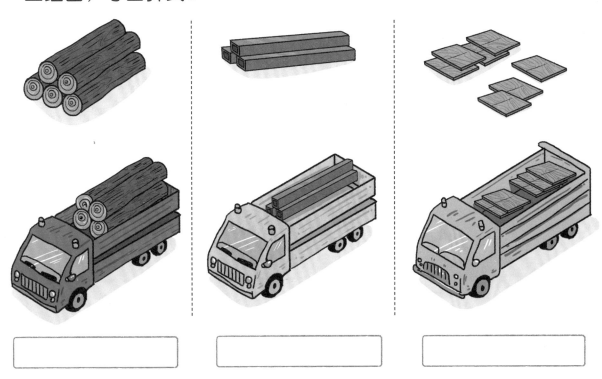

☐　　　　　☐　　　　　☐

对应图画书《虫虫大游行》《一双袜子》《手套不见了》《跳跃的蜥蜴》

🖊 海底派对开始了！一起来欣赏这精彩绝伦的表演，然后回答右边的问题吧！

① 海龟在认真地观看表演。它们身上的数字代表它们的年龄。有一只海龟的年龄是奇数，请你把它找出来并圈上。

② 水母表演的舞蹈真优美。请仔细观察，有两只水母排错队了，请按个头从左到右、从小到大的顺序用箭头给它们交换位置。

③ 热带鱼妈妈和宝宝们玩起了躲猫猫的游戏。请根据颜色、花纹等特征，帮每只热带鱼宝宝找到自己的妈妈。

④ 海鳗在做瑜伽呢！你觉得哪条海鳗的身子最长？请在它身上画一朵花。

⑤ 龙虾在叠罗汉呢！请你看看每支队伍里有几只龙虾，快速地数出龙虾的总数。
龙虾共有＿＿只。

对应图画书《虫虫大游行》《超人麦迪》《马戏团里的形状》《虫虫爱跳舞》

✎ 未来世界，人类驾驶着各式各样的飞行器在宇宙间穿梭。一起来看看吧！

① 哪个飞行器上的〇形图案最多，请把它圈出来。

② 最小的星球最重，请你在最重的星球上画一面旗子。

③ 1个飞行器的重量等于3颗卫星的重量，1艘宇宙飞船的重量等于3个飞行器的重量。那么，1艘宇宙飞船的重量=＿＿颗卫星的重量。

飞行器

① ② ③ ④ ⑤

✎ 请观察下面四组图片，每组图片右边的那组积木总比左边那组多一块。请你找一找，并把多余的积木圈出来。

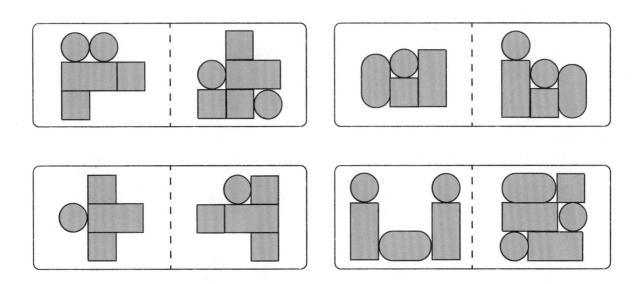

✎ 观察小火车车厢上的数字的排列规律，把空白处的数字补充完整。

小朋友们要分成两组做游戏。请仔细观察，把有相同特征的小朋友分成一组，然后回答下面的问题。

按性别分	
男生	女生

一共有多少个小朋友？

___ ○ ___ = ___（个）

女生比男生多几个？

___ ○ ___ = ___（个）

按帽子颜色分	
蓝帽子	黄帽子

一共有多少个小朋友？

___ ○ ___ = ___（个）

戴黄帽子的小朋友比戴蓝帽子的多几个？

___ ○ ___ = ___（个）

按鞋子分	
靴子	运动鞋

一共有多少个小朋友？

___ ○ ___ = ___（个）

穿靴子的小朋友比穿运动鞋的小朋友少几个？

___ ○ ___ = ___（个）

✎ 请根据线索连线，帮小鸟找到家。

我住的房子下部是长方形的，有个半圆形屋顶，还有圆形的门。

我住的房子下部是正方形的，有一个三角形屋顶，还有长方形的门。

我住的房子下部是正方形的，有一个三角形屋顶，还有圆形的门。

我住的房子下部是长方形的，有一个半圆形屋顶，还有长方形的门。

我住的房子下部是长方形的，有个三角形屋顶，还有圆形的门。

妈妈在为西西的生日派对做准备。请对照西西妈妈的任务单，在已完成任务后面的○中画"√"，在未完成任务后面的○中画"✕"。

25 个 🎈 ○

60 个 🍅 ○

7 组 🍽🍴 ○

4 个 🎁 ○

4 个 🎁 ○

洛克数学启蒙练习册1-B答案

P2

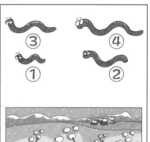

P3

①腕龙是植食性恐龙，脖子最长的才能吃到最新鲜的树叶，谁是腕龙界的美食家？请在它身上画个"√"。
②甲龙尾巴上的"棒槌"是它们最强大的武器，谁的"棒槌"最大？请在它身上画个"○"。
③这样的争霸大赛需少了霸王龙？体形越大的霸王龙威力越大，请按照威力值从小到大的顺序，用数字1-4把它们标注出来。

P4

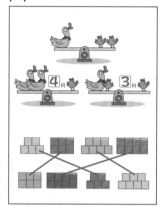

P5

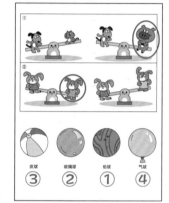

P6

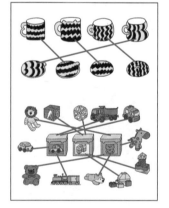

P7

①第一种分法：

男生	女生
①⑤⑥	②③④
⑨⑩	⑦⑧

②第二种分法：

双肩背包	斜挎背包
①②③④	⑥⑨⑩
⑤⑦⑧	

P8

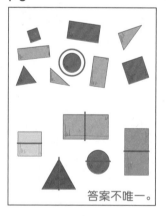

答案不唯一。

P9

P10

④只左手 ⑤只右手

P11

P12

P13

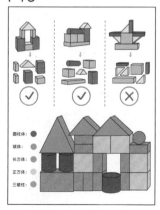

P14

P15

天空动物　　陆地动物　　海洋动物

P16

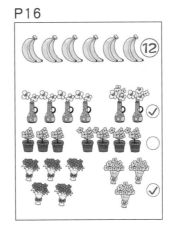

P17

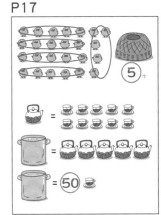

P18

5 6 7

7 8 9 10

6 7 8 9 10

$3 + 4 = 7$

$5 + 5 = 10$

P19

① 滑梯上面有 3 个小朋友，滑梯下面有 3 个小朋友。

$3 + 3 = 6$（个）

② 4 个小朋友在游泳，3 个小朋友在玩沙子。

$4 + 3 = 7$（个）

③ 红色跷跷板上面有 2 个小朋友，绿色跷跷板上面有 2 个小朋友。

$2 + 2 = 4$（个）

④ 6 个小朋友在玩滑梯，4 个小朋友在玩跷跷板。

$6 + 4 = 10$（个）

P20

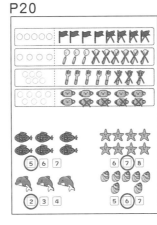

P21

$5 - 4 = 1$　　$3 - 3 = 0$　　$7 - 5 = 2$

P22~23

① 见图示。

② 见图示。

③ 见图示。

④ 见图示。

⑤ 龙虾共有 25 只。

P24~25

①② 见图示。　　③ 1 艘宇宙飞船的重量 = 9 颗卫星的重量。

P26

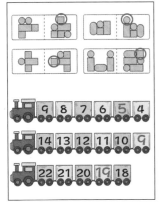

P27

按性别分		按帽子颜色分	
男生	女生	蓝帽子	黄帽子
4	6	2	8

$4 + 6 = 10$（个）　　$2 + 8 = 10$（个）

$6 - 4 = 2$（个）　　$8 - 2 = 6$（个）

按鞋子分	
靴子	运动鞋
5	5

$5 + 5 = 10$（个）

$5 - 5 = 0$（个）

P28

P29

洛克数学启蒙
练习册

洛克博克童书 策划　　易若是 编写　　懂懂鸭 绘

✎ 请按照从矮到高的顺序，用数字1~5给小树排队。

✎ 安安一家在买坐垫，年龄越大的人，要买的坐垫越厚。请画线把每个人与他（她）要买的坐垫连起来。

森林里的卡车每天都要往城市运送材料。给它们安排任务的管理员叔叔今天没来，请你给它们安排一下任务吧！

① 红色卡车负责运石块，越大的卡车运送的石块越多，这三堆石块分别适合由哪辆卡车来运输？请连一连。

② 黄色卡车负责运木头，越长的卡车运送的木头越长，这四堆木头分别适合由哪辆卡车来运输？请连一连。

③ 图片左下角有5个树桩，树桩上的一个个圆圈就是树的年轮，年轮越多，代表树的"年龄"越大。请把最老的树圈出来。

✎ 1个西瓜跟4个菠萝一样重。要使下面的天平保持平衡，在□中写下正确的数字。

✎ 龙卷风就要来了，小动物们分别抱住了一样东西。谁最不可能被龙卷风吹走？请把它圈出来。

请观察天平，按照从轻到重的顺序，用数字1~4给动物排队。

✏️ 请观察丝巾上的图案，再把图案相同的丝巾用线连起来。

✏️ 下面几种动物分别生活在哪里？请画线帮它们找到家。

✎ 观察这些小动物，下面哪个影子是属于它们的？请你把相应的图片圈出来。

✎ 上下两边的蛋糕一样多吗？如果一样多，请在□里画"✓"；如果不一样多，请在□里画"✗"。

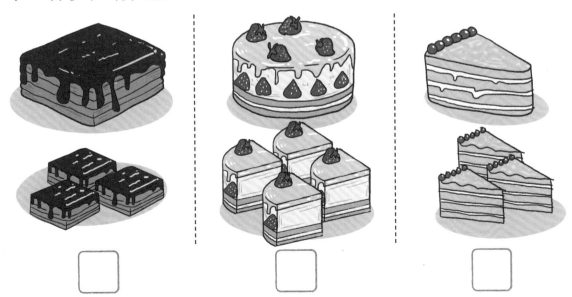

✎ 数一数每幅图中共有几个三角形（有几个三角形，就涂几个格子）。

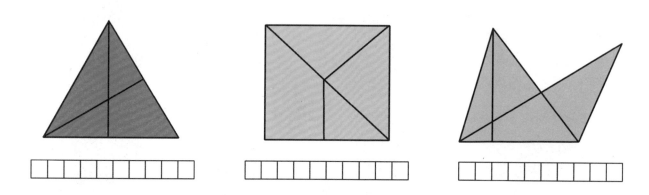

✎ 请先看一看图中有哪些形状，然后数一数每种形状的数量，把相应的数字写下来。

观察并找出下面几艘船船舷图案的排列规律，将船与船舷图案规律相同的救生圈用线连起来。还有一艘船上没有图案，请你根据多出来的救生圈的图案，在船舷上画出相应的图案。

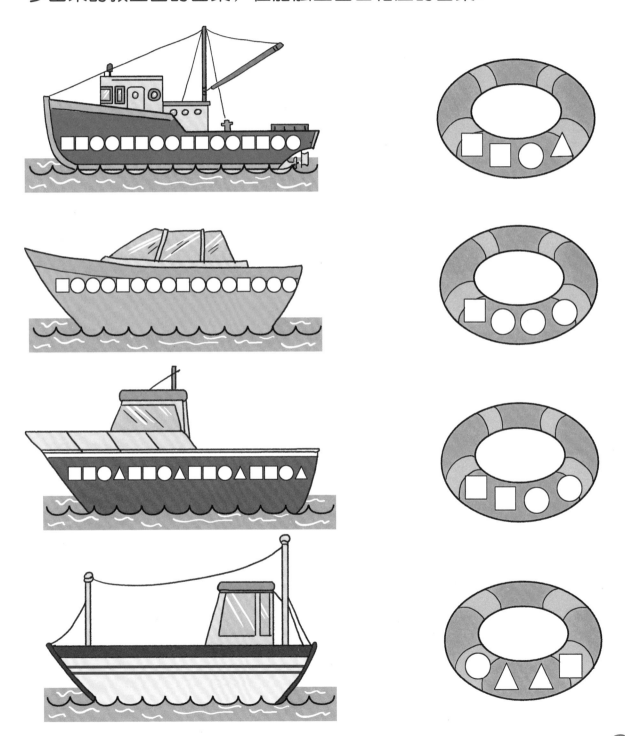

✏️ 从左往右数，大熊在每支队伍里排在第几位？

🐻 排在第 ☐ 位

🐻 排在第 ☐ 位

✏️ 下面的手分别是左手还是右手？请在左手上画一朵小花，在右手上画一个气球。

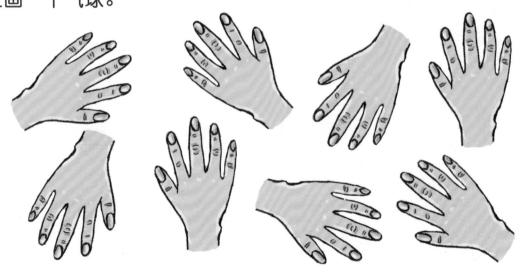

琪琪的家是哪一栋？请你根据琪琪的描述，把她家的房子圈出来。

沿着这条路往前走，在第二个路口向右转，再在下一个路口往左转。走过第一个路口，右手边第一栋房子就是我家。

✎ 数一数每堆有几块积木，把答案写在□里。

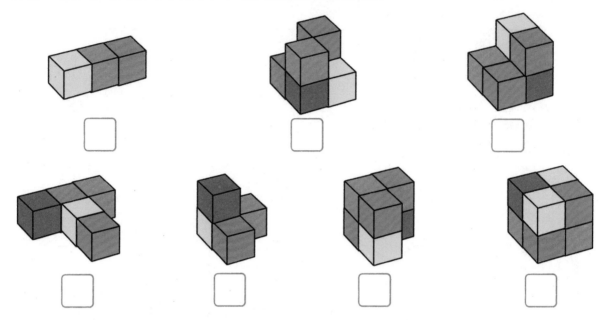

✎ 每个物品从上往下看是什么样子的？请圈出正确选项。

右边的积木造型是由左边哪堆积木拼搭成的？请用线连一连。

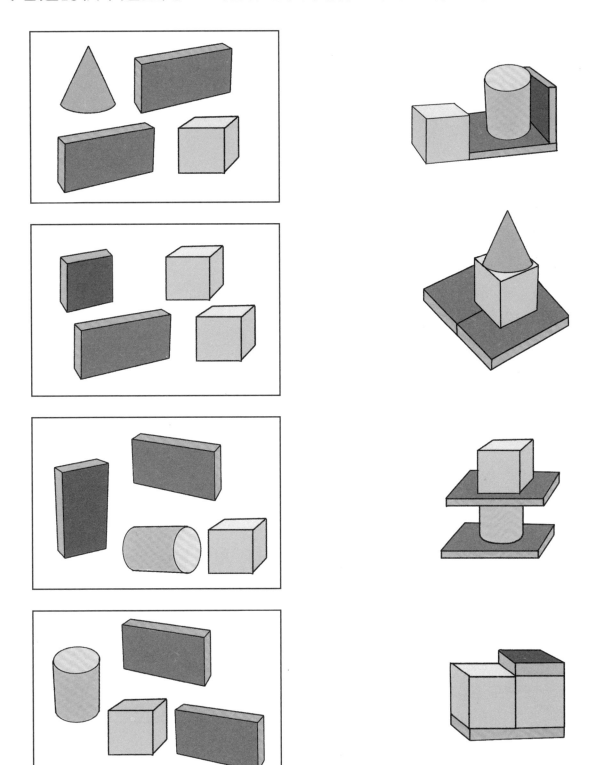

✎ 小兔子只能按偶数的顺序走出草丛去采蘑菇，请帮它画出路线图。

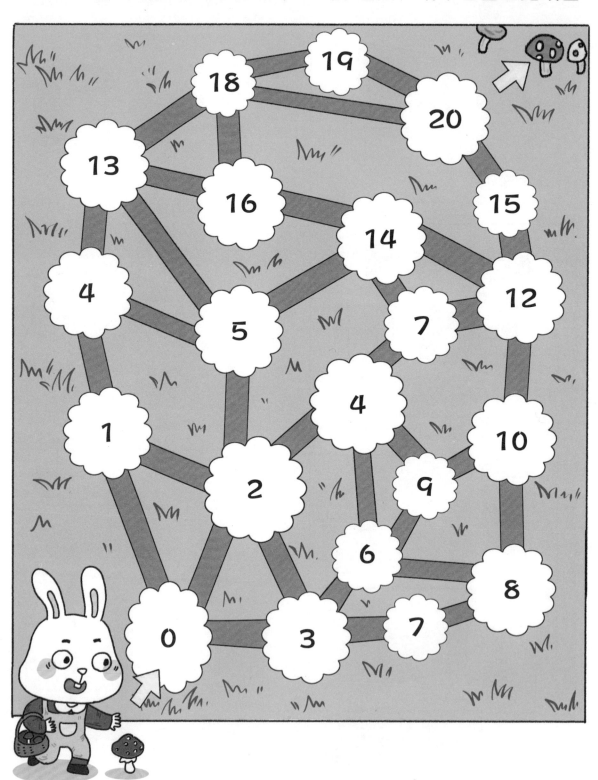

✎ 下面哪种面包的数量是奇数？请给它的标签涂色。

✎ 下面有四组图片，请先将每组图片中左右两边物品的数量写在空白处，然后想一想，这组图片中左右两边物品的总数是奇数还是偶数。请在物品总数是奇数的图片下面的○中画"√"。

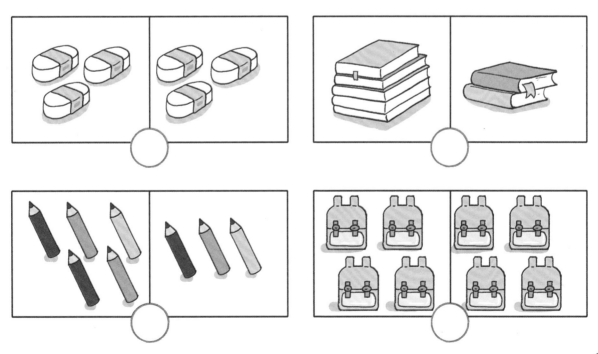

✎ 下面有两组饺子，请在左边一组里按5个5个地圈出饺子，再在右边一组里按2个2个地圈出饺子。请分别写出两组饺子的数量。

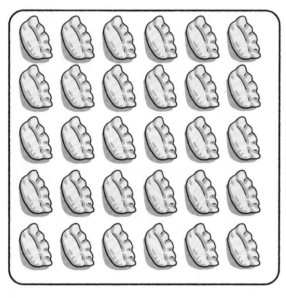 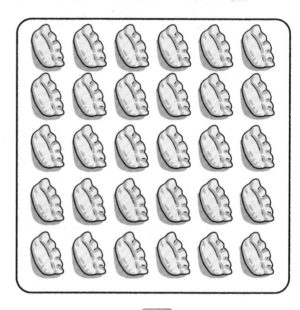

一共有 ▢ 个 🥟   一共有 ▢ 个 🥟

✎ 请观察下面的三幅图，每幅图中上下两组冰糖葫芦上穿的果子的总数相同吗？请在果子总数相同的图下○中画"√"。

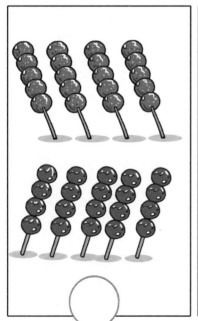 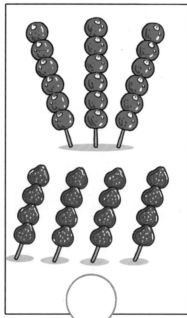 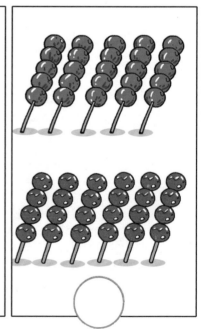

✎ 动物朋友们在逛超市。请按要求想一想、看一看，完成下面的问题。

①小猪三兄弟一共买了___瓶饮料。

②小猫四姐妹一共买了___个发卡。

③1架飞机和3辆汽车的价格一样，帮小狐狸回答下面的问题吧！

1 架飞机 ✈ = 3辆汽车 🚗

2 架飞机 ✈ = ___辆汽车 🚗

___架飞机 ✈ = 9辆汽车 🚗

✎ 小熊身上的数字和帽子上的数字相加要等于10。请帮每只小熊找到自己的帽子。

✎ 要使每组水果的数量都为10，每组还需要增加几个水果？请把相应的数字写下来。

5+ __ =10

6+ __ =10

1+4+ __ =10

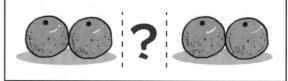

2+ __ +2=10

✏️ 海底探险队得到了一箱宝藏和两张密码图。请帮助他们解开密码，打开宝箱。

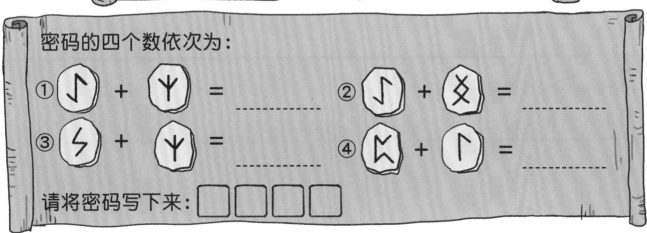

密码的四个数依次为：

① 𝌆 + 𝌏 = ＿＿＿＿＿＿＿＿   ② 𝌆 + 𝌘 = ＿＿＿＿＿＿＿＿

③ 𝌕 + 𝌏 = ＿＿＿＿＿＿＿＿   ④ 𝌇 + 𝌖 = ＿＿＿＿＿＿＿＿

请将密码写下来：☐ ☐ ☐ ☐

蜜蜂被困在蜘蛛网里了，它只有沿着前一个数字比后一个数字大1的路线爬，才能逃出去。请帮它画出路线。

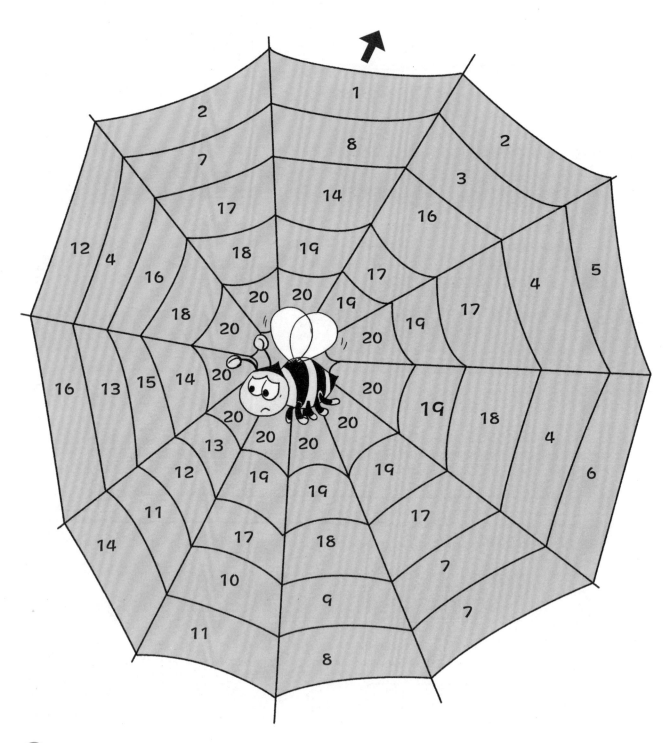

每个圆圈里的数字可以分成下面的两个数字，请在空白处写上正确的数字。

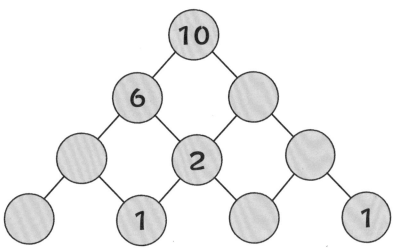

小动物们原来都在各自的围栏里，现在跑出去了一部分，各围栏里原来有多少只动物？请把算式补充完整。

____ − 4 = 5

____ − 2 = 3

✎ 小猪四兄弟各自坐船来到了河的这一边，准备去看望外婆。小猪越重，它所乘坐的小船没入水中越深。请观察每条船上的水迹，把每只小猪和它坐的船连起来。

✎ 小猪四兄弟接下来要去森林市场买点心，每只小猪都买了5块点心。请5个5个地数，依次写出与前面所有小猪买的点心数相加后的总数。

从森林市场出发，再穿过一个迷宫就是外婆家了。小猪四兄弟只有沿着标有偶数的石头走，才能顺利到达外婆家。请帮它们画出路线。

0 2 4 5 8

2 3 6 7 9

4 5 8 10 15

5 8 11 12 13

6 10 12 14 16

✎ 左边对折的纸打开后，能变成右边的图形吗？请在能变成的图片下画"√"，在不能变成的图片下画"×"。

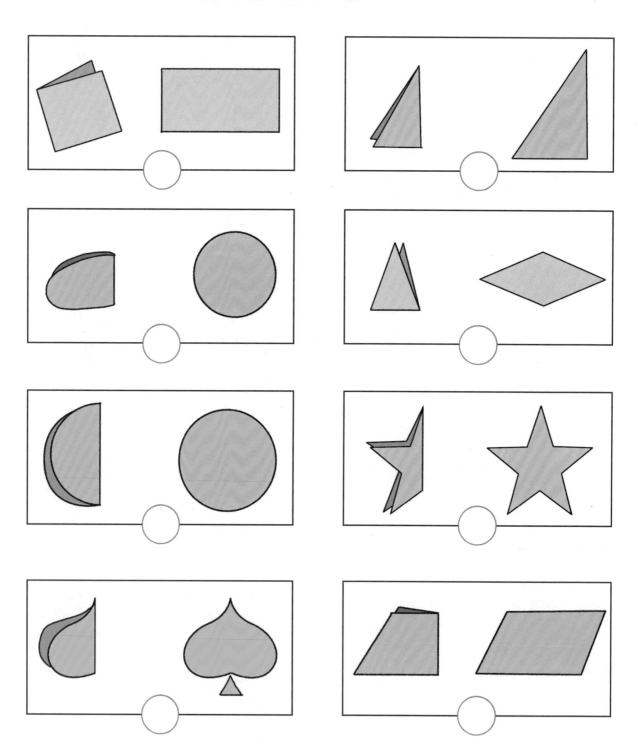

把左边的立体图形沿虚线切开后，可以得到右边的图形吗？请在能得到的图片下画"√"，在不能得到的图片下画"×"。

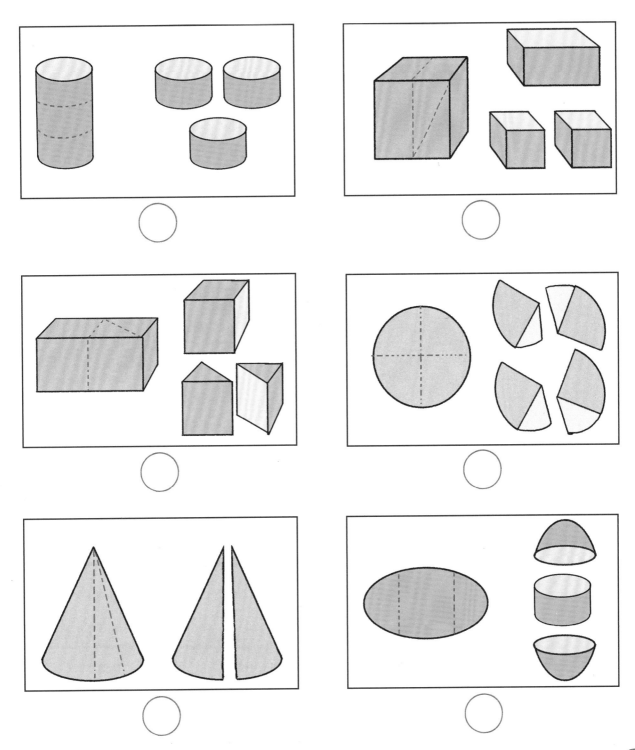

✎ 下雪了，小朋友们在雪地上玩得真开心。请观察下图，然后按要
求回答问题。

① 你能找到 堆的雪人吗？

② 在 的左边，请把 找出来。

③ 在滑雪橇，滑在他前面的有 ___ 个小朋友，滑在他后面的有 ___ 个小朋友。

④ 丢了一只手套，你能帮他找出来吗？

⑤ 图中有 ___ 个小朋友在打雪仗，___ 个小朋友在滑雪橇。雪地里一共有几个小朋友？ ___ + ___ = ___（个）。

小朋友们正在丛林探险。请观察下图，然后按要求回答问题。

① 身上的数字相加，得数为10的蘑菇是有毒的。请你把毒蘑菇圈出来。

② 探险队想要过河就必须跳上浮木，只有依次跳上得数分别是5、6、7、9的浮木，才能成功避开水里的鳄鱼。请把这几块浮木连起来。

③ 探险队必须骑象穿越丛林。一头大象可以载3个小朋友，他们一共需要___头大象。

④ 图中每头大象需要吃5根香蕉，探险队一共需要准备___根香蕉。

⑤ 小猴子们在玩数字游戏。请观察它们身上的数字的规律，把最后3只猴子身上的数字补充完整。

洛克数学启蒙练习册1-C答案

P2

P3

①见图示。

②见图示。

③见图示。

P4

P5

P6

P7
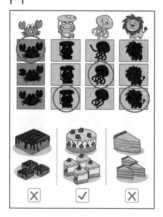

P8
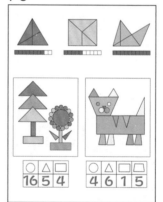

P9
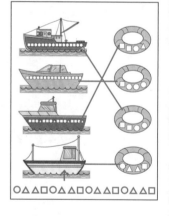

P10

P11

P12
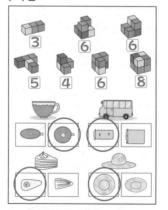

P13
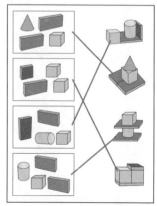

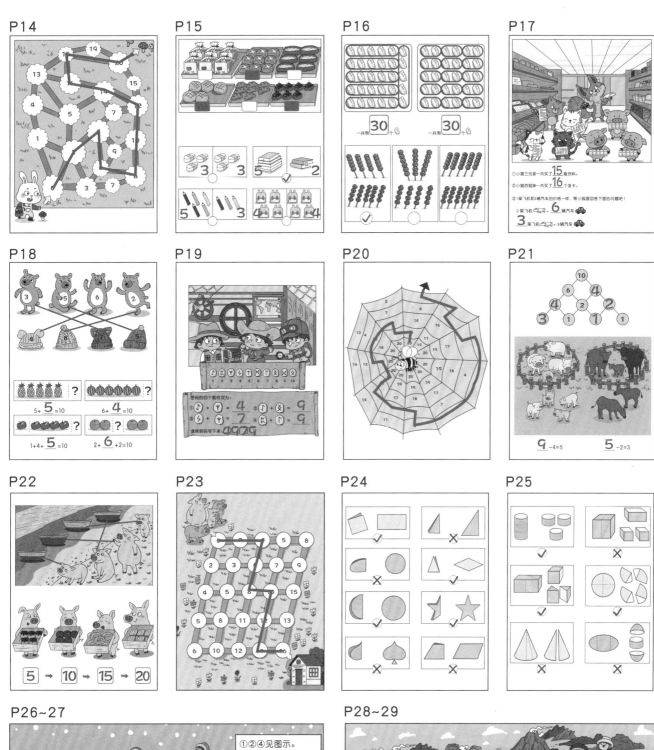